BEI GRIN MACHT SICH IHR WISSEN BEZAHLT

- Wir veröffentlichen Ihre Hausarbeit, Bachelor- und Masterarbeit

- Ihr eigenes eBook und Buch - weltweit in allen wichtigen Shops

- Verdienen Sie an jedem Verkauf

Jetzt bei www.GRIN.com hochladen und kostenlos publizieren

Jan Hurlin

Wirksamkeit von Wasserglas zur Verbesserung des Verschleißwiderstandes bei Industrieböden

GRIN Verlag

Impressum:

Copyright © 2010 GRIN Verlag GmbH
Druck und Bindung: Books on Demand GmbH, Norderstedt Germany
ISBN: 978-3-640-99046-7

Dieses Buch bei GRIN:

http://www.grin.com/de/e-book/177354/wirksamkeit-von-wasserglas-zur-verbesse-
rung-des-verschleisswiderstandes

 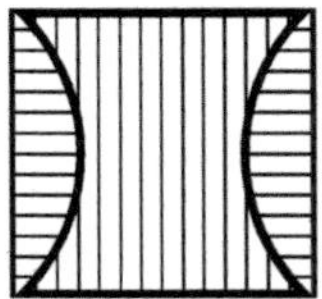

RUHR-UNIVERSITÄT BOCHUM

FAKULTÄT FÜR BAUINGENIEURWESEN

LEHRSTUHL FÜR BAUSTOFFTECHNIK
UNIV.-PROF. DR.-ING. ROLF BREITENBÜCHER

Projektarbeit

Wirksamkeit von Wasserglas zur Verbesserung des Verschleißwiderstandes bei Industrieböden

Jan Hurlin

Bochum
April 2010

Inhaltsverzeichnis

8. Abbildungsverzeichnis

1. Einleitung

Warum es sinnvoll ist die Betonoberfläche eines Industriebodens zu untersuchen, wird deutlich, wenn man sich die Kosten beim Bau einer Halle vergegenwärtigt. Ein Industrieboden verursacht ca. 20% der Gesamtkosten bei der Herstellung einer Industriehalle. Es wird davon ausgegangen, dass bei Einhaltung aller Anforderungen und Sicherstellung aller dort genannten Eigenschaften das Bauwerk mindestens über 50 Jahre nutzbar ist [1]. Bei Industriehallen, wie Lager- und Produktionshallen gehen Bauherren mittlerweile von 20 Jahren Nutzungsdauer aus, da sich über diesen Zeitraum die Nutzungsanforderungen an einen Industrieboden ändern werden. Ein Industrieboden besitzt nur eine begrenzte Haltbarkeit. Der Bauunternehmer, der einen Industrieboden für seinen Bauherrn ausführt und dabei eine funktionale Gewährleistung ausspricht, ist an einer Dauerhaftigkeit und Haltbarkeit der Konstruktion sehr interessiert.

Die Haltbarkeit eines Industriebodens ist durch seine Beanspruchung eingeschränkt. Die Beanspruchung kann durch chemische oder physikalische Belastung entstehen. Ein Industrieboden ist meist stark belastet, z.B. entsteht durch Verkehr eine mechanische Belastung, welche eine entscheidende Einwirkungsgröße auf den Boden darstellt. Die Festigkeit des Bodens kann man verbessern, indem man die Betonzusammensetzung variiert oder eine Stahlbetonkonstruktion verwendet. Weitere Möglichkeiten den Beton gegen äußere Einflüsse zu schützen, ist die Oberflächenbehandlung des Betons. Oberflächenbehandlung wird notwendig, wenn Beton durch chemischen oder mechanischen Angriff übermäßig beansprucht wird. Es treten Anforderungen an den Beton auf wie Wasserdampfdiffusionsfähigkeit, Begrenzung der Karbonatisierung, Wasserundurchlässigkeit und Frost-/Taumittelbeständigkeit. Der Beton kann durch Wahl einer XM-Expositionsklasse widerstandsfähiger gegen Verschleißbeanspruchungen und durch Wahl einer XA--Expositionsklasse widerstandsfähiger gegen chemisch angreifende Beanspruchungen gemacht werden. Reicht die Wahl Expositionsklasse nicht aus, um den hohen Anforderungen gerecht zu werden, kann ein Oberflächschutzsystem zur Verbesserung der Haltbarkeit des Industriebodens gewählt werden. Als Oberflächenschutzsysteme gibt es Imprägnierungen / Hydrophobierungen, Versiegelung und Beschichtung zum Schutz der Betonoberfläche gegen das Eindringen von Wasser und darin eventuell gelöster Schadstoffe. Die Widerstandsfähigkeit gegen mechanische Beanspruchungen kann für gewöhnlich nur durch Beschichtungen gewährleistet werden.

Ein geeigneter Werkstoff zur Oberflächenbehandlung ist Wasserglas. Wasserglas ist ein chemisches Oberflächenverdichtungsmittel auf Silikatbasis. Bei den in der Arbeit untersuchten Wassergläsern handelt es sich zum einen um ein Wasserglas das nur aus Natriumsilikatlösung besteht und zum anderen um ein Wasserglas, das ein Gemisch von

Natriumsilikatlösung und Kaliummethylsilikonat ist. Es ist nicht den üblichen Oberflächenbe-handlungsmaßnahmen zuzuordnen und ist im Vergleich zu herkömmlichen Methoden besonders kostengünstig. Um beurteilen zu können, ob Wasserglas eine geeignete Alternative zur Oberflächenbehandlung ist, soll in dieser Arbeit untersucht werden, ob und in welcher Form Wasserglas gegen Verschleißwiderstand schützt.

2. Aufbau von Industrieböden und Anforderungen

2.1 Wahl der Konstruktion

Der Industrieboden besteht für gewöhnlich aus vier Schichten: Bodenplatte, Zwischen-schicht, Tragschicht und Untergrund. Zur Veranschaulichung der vier Schichten dient Abbildung 1.

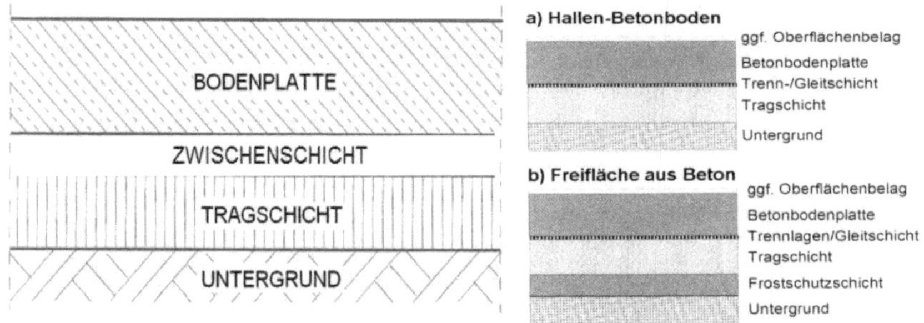

Abb. 1: Betonboden-Aufbau, Abb. 2: a) Hallen-Betonboden und b) Freifläche aus Beton [2]

Aus wie vielen Schichten der Industrieboden letztendlich besteht, hängt vom Anforderungs-profil ab. Handelt es sich zum Beispiel um einen Boden, der im Freien ist, legt man zwischen Untergrund und Tragschicht eine Frostschutzschicht zum Standhalten des Bodens gegen die Witterungsverhältnisse ein. Die zusätzliche Frostschicht wird in Abbildung 2 b) Freifläche aus Beton ersichtlich.

Der Untergrund trägt entscheidend zur Funktionsfähigkeit eines Industriebodens bei. Er muss eine gleichmäßige Zusammensetzung über die gesamte Fläche haben, eine gute Verdichtung, eine ausreichende Tragfähigkeit und eine gute Entwässerung. Eine gute Verdichtung des Bauuntergrundes kann erreicht werden durch Verwenden von Sand oder Kies-Sand-Zementgemisch (Magerbeton) und Einsatz einer Rüttelmaschine, um die Gefahr späterer Setzungen zu verringern. Um dies zu erreichen werden an den Untergrund und die Tragschicht Bedingungen an das Elastizitätsmodul bei vorgeben Einzellasten Q_d gestellt, siehe Tabelle 1.

max. Belastung Einzellast Q_d [kN]	Verformungsmodul E_{V2} [N/mm² bzw. MN/m²]	
	des Untergrundes [1] $E_{V2,U}$	der Tragschicht [2] $E_{V2,T}$
≤ 40	≥ 40	≥ 80
≤ 80	≥ 50 [3]	≥ 100 [4]
≤ 100	≥ 60	≥ 120
≤ 140	≥ 80	≥ 150

[1] Bedingung: Untergrund $E_{V2,U}$ / $E_{V1,U} \leq 2,5$
[2] Tragschicht $E_{V2,T}$ / $E_{V1,T} \leq 2,2$
[3] Für den Untergrund entspricht ein Verformungsmodul von 50 MN/m²
nach DIN 18134 [N42] etwa einer Proctordichte von $D_{Pr} = 95\ \%$
nach DIN 18127 [N41] (Tafel 13.2)
[4] Für die Tragschicht entspricht ein Verformungsmodul von
$E_{V2} = 100$ MN/m² nach DIN 18134 [N42] etwa einer Proctordichte
von $D_{Pr} = 100\ \%$ nach DIN 18127 [N41] (Tafel 13.2)

Tab.1.: Erforderlicher Verformungsmodul E_{V2} des Untergrunds und der Tragschicht unter Betonbodenplatten [2]

Wie in der Tabelle 1 zu sehen ist, wird an die Tragschicht hinsichtlich des Verformungsmoduls höhere Anspruche gestellt als an den Untergrund, d.h. die Tragschicht muss einer höheren Belastung standhalten als der Untergrund. Die Tragschicht erhöht die Ebenheiten der Unterlage und nimmt die Schubspannungen aus den Lasten auf. Die Wahl der Tragschicht in Form und Dicke ergibt sich nach maximaler Einzellast Q_d. Zur Auswahl stehen Kiestragschicht, Schottertragschicht, Verfestigung (baustellengemischt), hydraulisch gebundene Kiestragschicht, Verfestigung (zentralgemischt) und Betontragschicht [2].

Zwangsspannungen entstehen durch Behinderung der Verformungen, die durch Änderung des Feuchtegehaltes des Betonbodens (Austrocknen) oder Temperaturänderungen auftreten. Zwangsbeanspruchungen durch Temperaturschwankungen können nicht nur im Freien auf die Bodenplatte einwirken, sondern auch im Inneren einer Halle durch Heizen im Winter oder Wärmeabgabe von Maschinen, Öfen, Sonneneinstrahlung etc. entstehen [3].

Um diesen Zwangsbeanspruchungen, die auf die Bodenplatte wirken, entgegenzuwirken, trennt man die Bodenplatte von anderen Bauteilen ab. Dazu fügt man zwischen die Tragschicht und die Bodenplatte eine Gleitschicht bzw. Trennlagen ein, siehe Abbildung 3. Diese Schicht wird auch als Zwischenschicht bezeichnet.

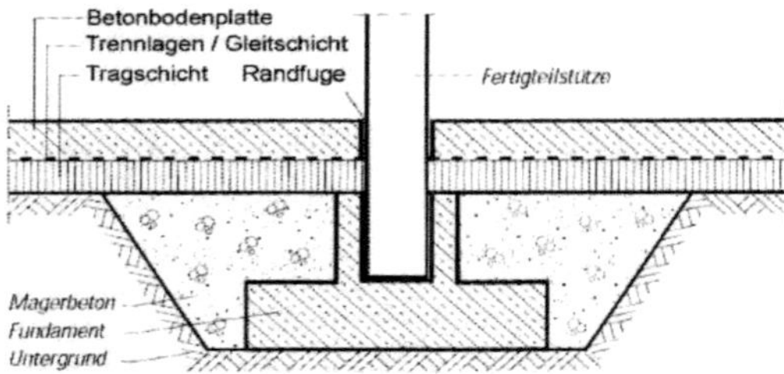

Abb. 3: Betonbodenplatte und Tragschicht im Bereich eines Stützenfundaments mit Trennung von der Betonbodenplatte durch umlaufende Raumfugen (Randfugen) [2]

Durch diese Ausführung der Konstruktion können Risse vermieden werden. Als Gleitschicht kann z.B. eine zweilagige PE-Folie mit einer Dicke von über 2 mm, eine Lage PTFE-Folie oder eine Lage Bitumenbahn eingesetzt werden. Als Trennlagen verwendet man meist Geotextil-Vlies. Es sollte bei Kies- und Schottertragschichten sowie Wärmedämmschichten zur Anwendung kommen. Die Trennlage verhindert das Wegsickern von Zementleim in den Unterbau und schützt vor ungleichmäßigem Austrocknen der Betonbodenplatte [3]. Bei der Festigkeit des Bodens ist die Bodenplatte verantwortlich für die Oberflächeneigenschaften, wie Griffigkeit, Dichte, Verschleißfestigkeit und Ebenheit [4].

Wenn zu hohe Biegezugspannungen in der Bodenplatte auftreten, wird die Bodenplatte bewehrt ausgeführt. Ein Vorschlag ist in Abbildung 4 zu sehen. Gleichmäßig verteilte Stahlfasern im Beton der Bodenplatte haben sich zur Verbesserung der Rissverteilung, des Verschleißwiderstandes und der Schlagfestigkeit als nützlich erwiesen (vgl. [5]).

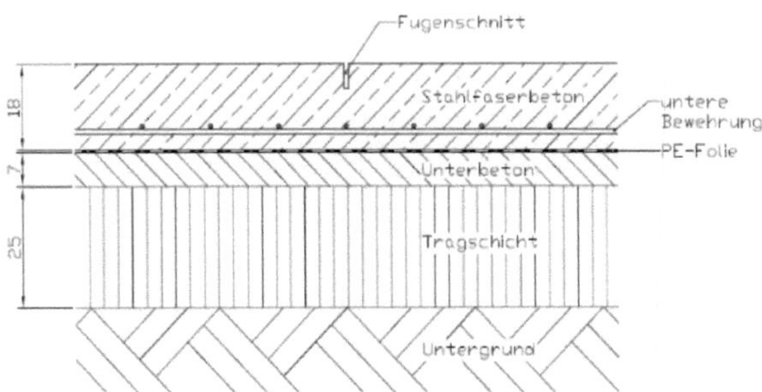

Abb. 4: Vorschlag für einen Industrieboden mit Kombibewehrung, [6]

Durch die bewehrte Ausführung der Konstruktion entstehen in jedem Fall Risse auf der Bodenplatte. Um diesen Risse möglichst klein zu halten, gibt es laut DIN 1045 Rissbreiten-begrenzungen, nach denen die erforderliche Bewehrungsmenge für die Bodenplatte ausge-rechnet wird (vgl [7]). Die Rissbreite w_k richtet sich jeweils nach der geforderten Anforde-rungsklasse und liegt zwischen w_k = 0,2 mm bis w_k = 0,4 mm [8].

Um der Zwangsausdehnung der Platte entgegenzuwirken, bildet man Fugen aus. Auf der einen Seite sind Fugen zur Vermeidung von Rissen notwendig, aber auf der anderen Seite sollte ihre Anzahl möglichst gering gehalten werden, da sie einen Schwachpunkt in der Konstruktion eines Industriebodens darstellen. An den Fugenecken und -kanten ist die Gefahr von Rissbildung besonders gegeben. Aus diesem Grund sollte bei der Planung darauf geachtet werden, wo die entsprechenden Fugen verlaufen und sich gegebenenfalls kreuzen sollten.

Schein- und Sollrissfugen sind zweckmäßig, weil sie den Querschnitt schwächen und unterhalb des Kerbschnitts eine vorgebende Rissbildung bewirken. Um eine Scheinfuge herzustellen, kann sie entweder in den Frischbeton eingedrückt oder nachträglich in den erhärtenden Beton eingeschnitten werden. Desweiteren können sie offen oder mit Fugenverguss ausgeführt werden (Abb.5).

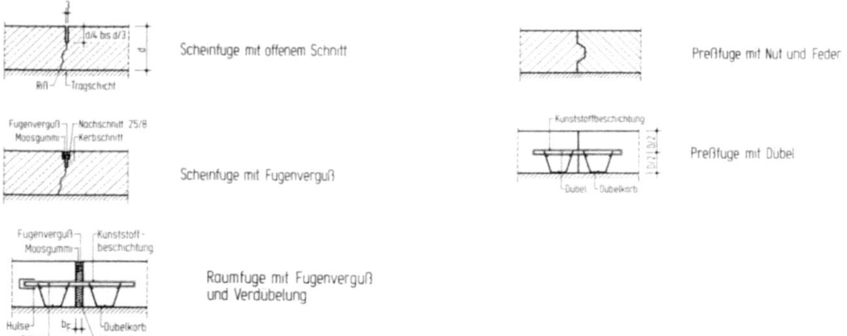

Abb.5: Fugenarten im Bereich der tragenden Betonplatte [3]

Press- oder Arbeitsfugen bieten keine Ausdehnungsmöglichkeiten für den Beton, trennen aber die Bodenplatte über die ganze Dicke. Sie ermöglichen das Betonieren der Bodenplatte in Tages- bzw. Arbeitsabschnitten. Die Pressfuge öffnet sich durch Schwinden, d.h. durch Austrocknen der Betonplattenabschnitte. Eine Querkraftübertragung zwischen den Plattenfeldern ist dann nicht mehr möglich. Je nachdem wie groß die Belastung ist, die auf die Fuge wirkt, muss die Fuge mit Nut und Feder oder Dübeln (Abb.5) versehen werden.

Welche Abstände für die Fugen maßgebend sind, kann aus Tabelle 2 entnommen werden.

Herstellbedingung	Abstand der Schein- und Preßfugen	Anmerkungen
Industrieboden im Freien	$L \leq 6m$ und $L \leq 30d_{\text{Platte}}$	Preßfugen bei $L < 8m$ und $Q_{Rad} \leq 40KN$ mit Nut und Feder.
Offene Hallen, Herstellung der Betonplatte mit normaler Nachbehandlung	$L \leq 8m$	Bei $L \geq 8m$ und $Q_{Rad} > 40KN$ Preßfugen und
Geschlossene Hallen, spezielle Betonzusammensetzung, sofort einsetzende, verlängerte Nachbehandlung	$L \leq 12m$	bei $L \geq 6m$ und $Q_{Rad} > 40KN$ Scheinfugen mit Verdübelung

Tab. 2: Anhaltswerte für Fugenabstände nach [5]

Auf Sonderkonstruktionen wie Industrieboden mit Wärmedämmung und Industrieböden mit keramischen Belägen, sowie beheizte Industrieböden wird heutzutage vermehrt Wert gelegt. Ein wichtiger Gesichtspunkt ist die Nutzung des Industriebodens, keramische Beläge sind z.B. für die Lebensmittelindustrie von Vorteil.

2.2 Anforderungen

Ein Anforderungsprofil für Industrieböden setzt sich aus den allgemeinen Randbedingungen, Nutzungsrandbedingungen, chemischer Beanspruchung, physikalischer Beanspruchung und

Belastung zusammen. Weiter Gesichtspunkte dazu sind in Abbildung 6 aufgeführt.

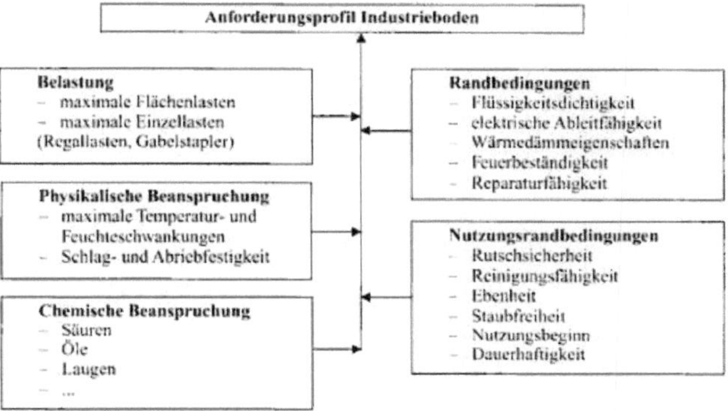

Abb.6.: Anforderungsprofil [10]

Die Oberfläche der Bodenplatte wird in besonderem Maße beansprucht, weil sie die unmittelbare Grenzfläche zu Lasten und anderen möglicherweise schädigenden Einflüssen darstellt. In Bezug auf ihre Haltbarkeit ist die physikalische Beanspruchung hinsichtlich der Schlag- und Abriebfestigkeit von besonderer Bedeutung und führt zur Notwendigkeit von Gegenmaßnahmen, wie später im Detail beschrieben wird.

DIN 1045 stellt den Stand der Technik dar und sollte auch bei Betonböden, die nicht in deren Geltungsbereich fallen, aus Gründen der Dauerhaftigkeit angewendet werden. Tragende Böden müssen bei Verschleißbeanspruchung in eine XM-Klasse nach Tabelle 3 eingestuft werden und den weiteren Anforderungen nach DIN 1045, Teil 2 und 3 bezüglich Betonzusammensetzung, Überwachung und Nachbehandlung entsprechen [2]. XM-Klassen dienen der Einordnung von Böden entsprechend ihrer Beanspruchung. Danach werden den Böden verschiedene Sollwerte bezüglich Zusammensetzung und physikalischen Eigenschaften zugeordnet, die die Eignung dieser Böden gewährleisten sollen.

Beanspru-chungs-bereich [1]	Expositions-klasse	Festigkeits-klasse [2]	Abrieb nach DIN 52108 [cm³ je 50 cm²]	w/z-Wert [3]	Zement-gehalt z [kg/m³]	Mehlkorn-gehalt f [kg/m³]	Kornzusammen-setzung und Art der Gesteinskörnung
1	XM1	C25/30 [4] C30/37 [5]	≤ 12	≤ 0,55 ≤ 0,50	≥ 300 ≤ 360		Kornzusammensetzung A/B 32 mögl. aus quarzitischem Gestein o.Ä.; ggf. Oberfläche mit Hartstoffeinstreuung [6]
2	XM2	C30/37 [5]	≤ 9	≤ 0,46	≥ 320 ≤ 360	f ≤ 400 bei z ≤ 300. f ≤ 430 bei z ≥ 350	Korngruppen 0/2 und 2/8 aus quarzitischem Gestein o.Ä. [7], Korngruppe 11/22 aus Hartsteinsplitt; ggf. Oberfläche mit Hartstoffeinstreuung [6]
3	XM3	C30/37	≤ 7	≤ 0,42	≥ 320 ≤ 360		Kornzusammensetzung A/B 32, Oberfläche mit Hartstoffschicht nach DIN 18560-7 [8]
		C35/45					Kornzusammensetzung A/B 32, Oberfläche mit Hartstoffeinstreuung [6]

[1] Beispiele für die Beanspruchungsart: siehe Tafel 3.6.
[2] Hinweis: Für tragende oder aussteifende Betonbodenplatten ohne Hartstoffschichten sind bei entsprechenden Einwirkungen in die Expositionsklassen XM1, XM, XM3 [N1] einzuordnen.
[3] Der w/z-Wert kann durch Fließmittel eingehalten oder nachträglich durch Vakuumbehandlung erzeugt werden. Vakuumbeton mit Verringerung des Wasserzementwerts bei starker Verschleißbeanspruchung: siehe Kapitel 5.2.3.
[4] Verschleißschicht erforderlich, z.B. Hartstoffeinstreuung (siehe Kapitel 6.3.1).
[5] Bei Flächen im Freien als LP-Beton für Expositionsklasse XF4.
[6] Hartstoffeinstreuungen entsprechen nicht DIN 18560, können aber zweckmäßig sein, bedürfen jedoch einer besonderen Vereinbarung mit dem Auftraggeber (siehe Kapitel 6.3.1).
[7] Gesteinskörnungen mäßig raue Oberfläche, gedrungene Gestalt, Gesteinskorngemisch möglichst grobkörnig (DIN 1045-2, Tab. F.2.2)
[8] Hartstoffschichten bei sehr starker Verschleißbeanspruchung: siehe Kapitel 6.3.2

Tab.3.: Betonbodenplaten bei Verschleißbeanspruchung, Beispiele für die Betonzusammensetzung, abhängig vom Beanspruchungsbereich .[2] [i]

Je nach Anforderungsklasse wird die Oberfläche veredelt, um ihre Haltbarkeit zu erhöhen. Wenn eine Anforderung an Industrieböden von XM 3 besteht, werden Hartstoffmörtelschichten bzw. Hartstoffeinstreuungen verwendet. Bei Anforderungen von XM 1 und XM 2 kann durch Auftragen von geeigneten Werkstoffen (wie Wasserglas, Silane, Siloxane und Silikonharze, Acrylate und andere Dispersionen, Epoxide, Polyurethane, Polyester, Polymetacrylate, Chlor-Kautschuk, sowie bituminöse Stoffe) eine Oberflächenveredlung durchgeführt werden.

2.3 Beanspruchungen

Beanspruchungen können verschiedener Art sein, wie im Anforderungsprofil in Abbildung 7 ersichtlich. Lastabhängige Beanspruchung treten in Form von flächigen oder punktförmig wirkenden Lasten auf. Diese Lasten können durch Regallager, Maschinen, Radlasten von Gabelstapler oder anderen Fahrzeugen entstehen. Dabei unterscheidet man zwischen drei Laststellungen: Last in Plattenmitte, Last am Plattenrand und Last in Plattenecke. Ist vorher bekannt, wo eine Last längerfristig wirkt, kann die Fugenanordnung geschickt gestaltet werden, um eine bessere Lastabtragung in der Bodenplatte zu bewirken und damit Schäden vorzubeugen.

Chemische Beanspruchungen können durch Flüssigkeiten in der Landwirtschaft durch Tiere, in der Lebensmittelindustrie (Brauerei, Molkerei), in Kläranlagen, sowie der chemischen Industrie (Metallurgie) in Form von Säuren, Laugen, Sulfaten, Fetten und Ölen auftreten. Die

Wirksamkeit der chemischen Substanzen wird durch das „in-Lösung Gehen" mit Wasser verstärkt [11].[ii]

Bei der Beanspruchung durch Verkehr sind die Radlasten der Fahrzeuge entscheidend, die durch Kontaktpressung auf die Bodenplatte übertragen werden. Man unterscheidet Kontaktpressung durch Luftreifen, Vollgummireifen, Polyamid- und Stahlbereifung [2]. Die anzusetzende Bemessungslast ergibt sich aus einem Gesamtfaktor (Teilsicherheitsbeiwert und Lastwechselzahl) multipliziert mit der charakteristischen Last. Für Verkehrslasten ergibt sich die Bemessungslast zu Q_d = 1,6 * Q_k und für Lagergüter zu G_d = 1,2 * G_k. Die charakteristischen Lasten Q_k und G_k können aus der Din 1055 [3] und [5] und DIN 1072 [6] entnommen werden. Wichtig ist eine passende Lastfallkombination (z.B. Q_d= γ_G* G_k+ (γ_Q+ φ)* Q_k) auszuwählen, da sich z.B. bei der Verkehrslast je nach Lastwechselzahl der Gesamtfaktor ändert. Mechanische Beanspruchung der Bodenplattenoberfläche führt zu Schäden und Abnutzung, die unter dem Begriff Verschleiß zusammengefasst werden [2].

3. Verschleiß

Wenn man den Begriff des Verschleißes erklären will, ist es notwendig die Reibung eines Körpers zu erläutern. Reibungsvorgänge finden in einem komplexen System statt. Das System setzt aus zwei sich reibenden Körpern, einem umgebenden Medium und einem dazugehörigen Beanspruchungskollektiv (Reibungskraft F_h und Normalkraft F_n) zusammen. Zwischen den zwei Körpern (Verschleißpartnern) kann noch ein dritter Stoff vorhanden sein, ein Schmiermittel. Dieses System nennt man Tribosystem, wie in Abbildung 7 dargestellt.

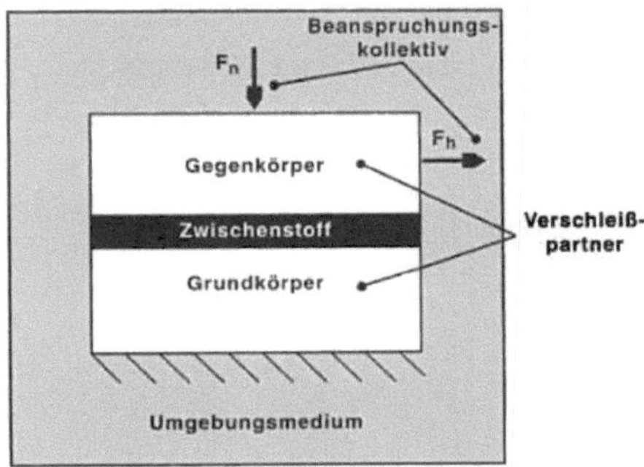

Abb.7.: Schematische Darstellung der an einem Tribosystem beteiligten Komponenten nach DIN 50230 [12]

Reibung ist die Hemmung einer Bewegung. Um Baustoffe hinsichtlich ihrer Eigenschaft des Reibungswiderstandes einschätzen zu können, gibt es die Reibungszahl nach Coulomb f = F_h / F_n. Die Veränderung der Oberflächen der Körper im Laufe des Reibungsvorganges als direkte Folge der Reibung wird Verschleiß genannt [12]. Verschleiß oder auch Abrieb ist die Entfernung von Oberflächenmaterial, wie auch der Vorgang des Verschiebens und Ablösens von Partikeln und Fragmenten [13]. Mit dem Oberflächenabtrag ist auch ein Masseverlust verbunden. Reibung und Verschleiß sind Systemeigenschaften, die nicht nur von Materialeigenschaften sondern auch von auftretenden Wechselwirkungen und den Größen des Beanspruchungskollektivs abhängen. Einfluss auf Verschleiß haben die Kontaktgeometrie, die Umgebungsbedingungen, der Zwischenstoff, die Materialpaarungen und Werkstoffzusammensetzungen.

3.1 Oberflächenschutz

Um einer Veränderung der Oberfläche eines Industriebodens entgegenzuwirken, hat man sich Maßnahmen zum Oberflächenschutz überlegt. In der „Richtlinie für Schutz und Instandsetzung von Betonbauteilen" vom Deutschen Ausschusses für Stahlbeton (DAFStb) finden Hersteller, Planer und Ausführer Oberflächenschutz-Regelsysteme, die Beschichtungsmaßnahmen dem Untergrund und der speziellen Anwendungsbereichen adäquat beschreiben, speziell auch Industriefußböden „-mit besonderen Eigenschaften hinsichtlich Verschleiß und chemischem Angriff-". Dabei werden besondere Richtwerte für systembedingte Mindestschichtdicken differenziert. Für die Erhöhung des Widerstandes gegen Verschleiß sieht die OS 3 Regelung Versiegelung für befahrbare Flächen eine Mindestschichtdicke von 50 µm vor. Als Anwendungsbereich gelten Fußböden und Fahrbahnen für überwiegend nicht bewitterte Flächen bei geringer mechanischer Belastung. Die OS 8 Regelung sieht für befahrbare stark belastete Flächen eine chemisch widerstandsfähige Beschichtung mit einem Richtwert von 1 mm systembedingten Mindestschichtdicken vor [14].

Tab.4: Oberflächenschutzsysteme lt. Richtline des DAfStb für „Schutz und Instandsetzung von Betonbauteilen"[15] EP: Epoxidharz, AY: Acrylate, PUR: Polyurethan[iii]

OS-System	Beschreibung	Richtwerte für systembedingte Mindestschichtdicke	Hauptbindemittelgruppe	Anwendungsbereiche	Erhöhung des Widerstandes gegen Verschleiß	Erhöhung des Widerstandes gegen chemischen Angriff
OS 3	Versiegelung für befahrbare Flächen	50µm	EP,AY, PUR	Fußböden und Fahrbahnen für überwiegend nicht frei bewitterte Flächen bei geringer mechanischer Belastung	*	*
OS 8	Chemisch widerstandsfähige Beschichtung für befahrbare mechanisch stark belastete Flächen	1mm	EP	Alle mechanisch und chemisch beanspruchten Betonflächen, z.B. Fahrbahnen, Industrieböden, Behälter- und Rohrrinnenbeschichtungen	*	*

Da Beton die Eigenschaft hat wasserdurchlässig zu sein und somit frost-, tausalz- und niederschlagsanfällig ist, ist die Gefahr der Korrosion bei bewehrtem Beton gegeben. Schadstoffe können sowohl durch das Grundwasser als auch durch das Niederschlagswasser in den Beton gelangen, sofern nicht Folien zur Abdichtung und ein Oberflächenschutzsystem einbezogen werden.

Das Oberflächenschutzsystem der Bodenplatte ist eine Form der Oberflächenveredlung. Sie kann z.B. durch Hydrophobierung, d.h. Imprägnierung der Oberfläche geschehen. Bei der Hydrophobierung wird lediglich eine wasserabweisende Wirkung der Oberfläche erzielt, indem der Benetzungswinkel des Wassers gegenüber dem Baustoff einen Wert größer als 90° hat. Die kapillare Saugfähigkeit wird hierdurch aufgehoben. Der Vorteil der Imprägnierung ist, dass das Bauteil wasserdampfdurchlässig bleibt (Schichtdicke ca. 1 µm). Bei der Imprägnierung findet an der Oberfläche kein Porenverschluss statt. Bei der Versiegelung hingegen findet ein teilweiser Porenverschluss ohne Filmbildung statt (Schichtdicke ca. 50 µm). Eine Beschichtung liegt dann vor, wenn der Untergrund nicht durchscheint und sich ein geschlossener Film gebildet hat. Sie wirkt porenabdeckend (Schichtdicke 0,1 -0,5 mm). Eine Mörtelbeschichtung ist z.B. Reaktionsharzmörtel mit einer Mindestdicke von 5 mm. Zur Veranschaulichung siehe Abbildung 8.

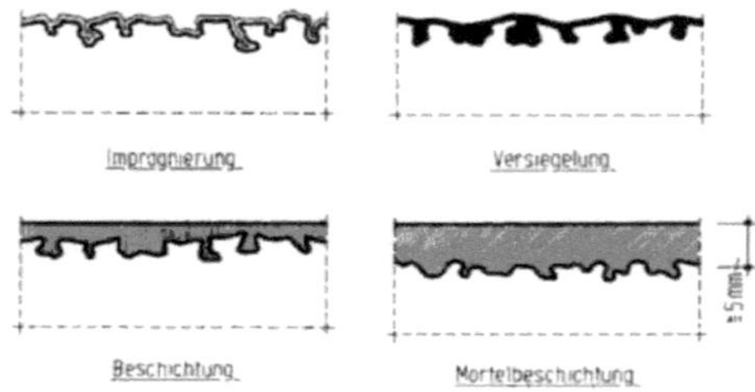

Abb.8: Oberflächenschutz von Beton und Estrichen [3]

Oberflächenschutzsysteme können aus verschiedenen Kunstoffen hergestellt werden. Diese kann man in drei Gruppen einteilen: Thermoplaste, Elastomere und Duromere.

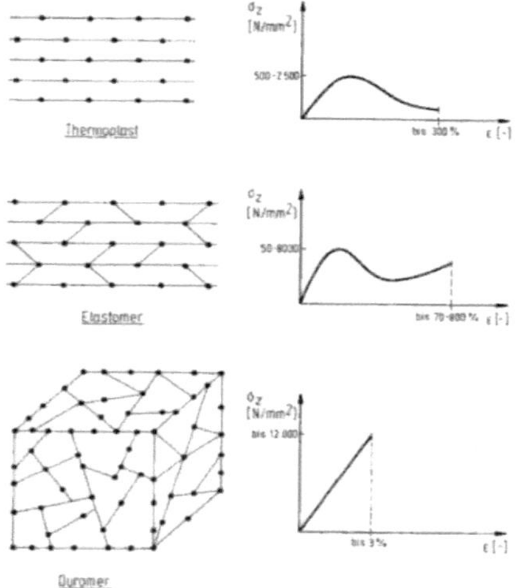

Abb.9 Molekularer Aufbau und Spannungs-Dehnungsverhalten der Kunststoffgruppen [3]

Wie in Abbildung 9 dargestellt, hat jede dieser Kunststoffgruppen einen unterschiedlichen molekularen Aufbau und unterschiedliches Spannungs-Dehnungsverhalten, was sie charakterisiert und sich in ihren Eigenschaften zur Oberflächenbehandlung bemerkbar macht. Beispielsweise können Duromere viel Spannung bei wenig Dehnung aushalten, da die Molekülketten eines Duromers engmaschig vernetzt sind, deshalb werden sie auch als Hartstoffe bezeichnet. Beschichtungen aus Hartstoffen sind z.B.: Epoxidharz (EP), ungesättigte Polyester (UP), Polyurethanharze (PUR), Polymethylmethacrylat (PMMA) usw. Durch die Beschichtung mit Hartstoffen wird die Wasserundurchlässigkeit, chemische und mechanische Widerstandsfähigkeit erhöht. Verarbeitungsfehler bei der Ausführung von Beschichtungen können später zu erheblichem Sanierungsbedarf führen, da sie sehr hart werden und dadurch schwer entfernbar sind. Beschichtungen stellen eine sehr gute Maßnahme zum Oberflächenschutz dar, aber sie sind auch sehr teuer. Bei Anforderungsklasse XM 3 finden sie Verwendung (siehe Tabelle 3 Abrieb nach DIN 52108 $\leq$ 7). Für die Anforderungsklasse XM 2 und XM 1 (siehe Tabelle 3 Abrieb nach DIN 52108 $\leq$ 9 und $\leq$12) gibt es noch andere Möglichkeiten des Oberflächenschutzes.

3.2 Wasserglas

Ein für Oberflächenschutz verwendetes Mittel ist das Natriumsilikat oder auch Wasserglas genannt. Es ist weder Imprägnierungs- /Versiegelungsmittel noch eine Beschichtung, man versteht darunter mit Wasserglas „getränkten" Beton. Dieser mineralische Stoff ist aus Silizium- und Sauerstoffatomen aufgebaut, die sich zu einem Silikat-Molekül zusammensetzen. Dieses ist ein anorganisches Silikat ohne Kohlenstoff wie in Abbildung 10 dargestellt. Wasserglas 1 bewirkt nach längerer Zeit an der Betonoberfläche eine gesteuerte Selbstverdichtung der Betonstruktur, wodurch der Boden verfestigt wird. Das „Natronwasserglas" ist eine modifizierte Natriumsilikatlösung, die 3 bis 5 mm in den Beton einsickert und dort einen Kristallisationsprozess bewirkt. Man spricht auch von der sogenannten Verkieselung. Es bilden sich kristalline Tetraeder-Strukturen siehe Abbildung 10. Die Natriumsilikatlösung enthält Alkalikationen (Na^{4+}) und verschiedene Kieselsäureanionen. Die daraus resultierende Alkalität ist maßgebend für die Löslichkeit der Kieselsäure. Die konzentrierte Lösung kann ein SiO_2/Na_2O-Molverhältnisse von 2 bis 4 haben. „Mit steigender Alkalität läßt sich der Feststoffgehalt erhöhen. Daraus resultieren höhere Dichten und meist auch höhere Viskositäten der Lösungen" (Tabelle 1) [16][iv]. Um die Vorgänge zu beschreiben, gibt es die so genannte Netzwerktheorie. Die Netzwerktheorie geht davon aus, dass Silizium gemeinsam mit Sauerstoff in der Lage ist, sich zu einem unregelmäßigen Glasnetzwerk zusammenzulagern (Abbildung 11). Kieselsäure (SiO_4) ist ein Netzwerkbildner.

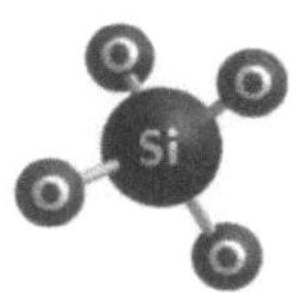

Abb.10: Silikat-Molekül [19]

Das Netzwerk wird durch den Netzwerkwandler (Natriumoxid Na_2O), das sich im Gefüge einlagert, aufgesprengt [17]. Holleman spricht von Trennstellenbildnern [18]. „Die Vorgänge sind komplex und vielgestaltig und können nur bedingt in einem umfassenden Stoffsystem einheitlich beschrieben werden." [16].

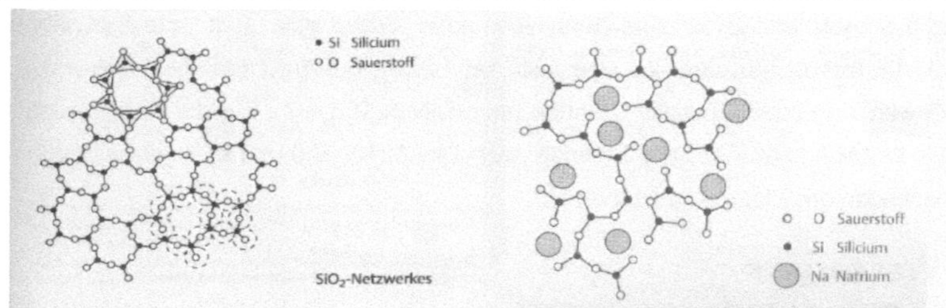

Abb.11: Ebene Darstellung eines unregelmäßigen SiO $_2$ Netzwerkes, Schematische Darstellung eines Natrium Wassersilikatglases [16]

Ein weiteres von uns genutztes Wasserglas zur Oberflächenvergütung ist Wasserglas 2 bestehend aus Natriumsilikatlösung und Kaliummethylsilikonat. Wasserglas 2 ist ein organisches Silikonat mit Kohlenstoffbindung, wie in Abbildung 12 zu sehen. Dieser (bei Raumtemperatur) flüssige organische Stoff ist mit der Gefahrenbezeichung „ätzend C" eingestuft. In dem Gemisch dient die Natriumsilikatlösung zur Verfestigung an der Betonoberfläche. Das Kaliummethylsilikonat fügt man hinzu, um eine wasserabweisende bzw. hydrophobierende Wirkung zu erzielen. Eine Oberflächenverfestigung bewirken die siliziumorganische Verbindung nicht [19].

Abb.12: Silikonat-Molekül [19]

„Natriumwasserglas besitzt im Vergleich zu Kaliumwasserglas eine deutlich höhere Verfestigung" [19]. Die Verfestigung bei Kaliumwasserglas ist schon nach wenigen Tagen abgeschlossen. Die Verfestigung durch Verkieselung läuft beim Natrium-Wasserglas langsamer ab als bei Kalium-Wasserglas, führt aber zu komplexeren Phasenbildungen mit besserer Festigkeit und somit höherer Dauerhaftigkeit. Ausschlagebenend für die Wirkung ist das Kalziumhydroxid im Beton. Es regt in Verbindung mit dem Natriumsilikat zur weiteren Bildung von Silikatphasen in den Kapillarporen an [2].

4. Verschleißprüfverfahren

Um den Verschleiß zu messen und die Folgen für den Boden beurteilen zu können, gibt es folgende Prüfgeräte: Prüfgerät nach Böhme für mineralische Systeme, BCA-Verschleißgerät für Kunstharzsysteme und „Rolling wheel"-Verfahren. Die verschiedenen Prüfgeräte lassen untereinander keine Vergleichbarkeit zu und es besteht noch erheblicher Forschungsbedarf. Das Prüfgerät nach Böhme kann nur rein schleifende Beanspruchungen nachsimulieren [2]. Oliver Erning vom Institut für Baustoffprüfung und Fußbodenforschung erklärt in seiner Veröffentlichung, dass sich mit dem Verfahren nach Böhme eindeutige gute und schlechte Materialien unterscheiden lassen, aber es ist keine brauchbare Methode für Kunstharzestriche. Mit den beiden anderen Verfahren lassen sich rollende Beanspruchungen mit einem Stahlrad untersuchen, wobei die „Rolling wheel" –Methode auch Scher- und Torsionskräfte erzeugt. Weitere Ergebnisse präsentiert der TÜV-Nord, aus denen auch die Verschleißuntersuchung als solides Beurteilungskriterium hervorgeht, d.h. heißt natürlich nicht, dass die anderen Prüfkriterien (Betonqualität der Versuchsplatte, Sperrwirkung, Wasserundurchlässigkeit, Frost-Tausalz-Beständigkeit) vernachlässigt werden können. In den nachfolgenden Laboruntersuchungen wird das Prüfverfahren nach Böhme angewandt, da es sich als Prüfverfahren für mineralische Systeme in Deutschland bewehrt hat und bereits ausreichende Erfahrungen mit der Böhm'schen Schleifscheibe vorliegen [20].

5. Laboruntersuchungen

Bei den untersuchten Wassergläsern handelt es sich zum einen um ein Wasserglas das nur aus Natriumsilikatlösung besteht und zum anderen um ein Wasserglas aus einem Gemisch von Natriumsilikatlösung und Kaliummethylsilikonat. Da unterschiedliche Wassergläser vorliegen, die unterschiedlich reagieren, ist ein unterschiedlicher Zeitpunkt der Oberflächenbehandlung mit den Wassergläsern von Interesse. Mit zunehmender Zeit steift der Beton an und entwickelt eine Festigkeit, die aber noch nicht nennenswert ist. Bei einer Einbaukonsistenz von 52 cm (F4) ist der Beton nach über 4 Stunden trittfest [22]. Wenn der junge Beton an der Oberfläche mattfeucht und trittfest wird, kann der Boden mit einem Flügelglätter bearbeitet werden, damit eine ebene und harte Betonoberfläche geschaffen wird. Die Nachbehandlung nach dem Glätten ist von großer Bedeutung, da es sich auf die Qualität des Bodens auswirkt. Nachbehandlung schützt vor Temperatureinwirkungen, Erschütterungen und Austrocknen. Bei Temperaturen größer als 15 °C ist eine Nachbehandlungsdauer von mindestens 4 Tagen vorgeschrieben [24]. Nachbehandlungsmaßnahmen können sein: Folien (strahlungsreflektierend), Abdeckungen z.B. feuchte Jutetücher, flüssige Nachbehandlungsmittel und Aufrechterhaltung eines sichtbaren Wasserfilms an der Betonoberfläche. Wenn der Beton geglättet und abgescheibt ist, kann das Wasserglas auf die Betonoberfläche aufgetragen werden. Zum einen wird Wasserglas direkt nach dem Ansteifen aufgetragen, zum anderen wird es nach 7 Tagen in die Oberfläche eingearbeitet, wenn der Beton weiter erhärtet ist und bereits eine Druckfestigkeit von 65-80 % aufweist [23]. Die Lagerung mit zyklischer Befeuchtung dient dazu, die Verkieselung des Natriumsilikats an der Betonoberfläche voranzutreiben. Die auszuwertenden Proben sind alle 180 Tage alt.

5.1 Versuchsplan

Prüfserie	Nachbehandlung	Dosierung	Applikationszeitpunkt	Lagerung
NB-1		-		trocken
W1-A (TR)			7 d	
W1-A (ZB	4 d	gemäß Hersteller-		zyklische Be-
W2-A		angaben	6 Std.	feuchtung
W2-C			7 d	

Tab.5: Prüfserien und Behandlung der Prüfserien

Die in Tabelle 5 dargestellten Prüfserien sind: unbehandelte Proben (NB-1), mit Wasserglas 1 behandelte Proben (W1-A) und mit Wasserglas 2 behandelte Proben (W2-A). Die Proben wurden 4 Tagen nachbehandelt. Die Dosierung der aufgetragenen Mengen des chemischen Oberflächenverdichtungsmittels ist gemäß Herstellerangaben ausgeführt. Unterschiedliche Applikationszeitpunkte und unterschiedliche Lagerungen, siehe Tabelle 5, wendet man an, um festzustellen, ob sich dadurch der Abrieb der Proben verändert und somit ein anderer Verschleißwiderstand zustande kommt.

Die durchgeführten Versuche fanden an der Prüfmaschine von Böhme nach DIN 13892:3-2004 (D) statt, allerdings unter moderaten Beanspruchungen (75% der Normalbelastung von 294 kN). Die Messergebnisse stammen von drei unabhängigen Proben und sind Mittelwerte der drei Proben, um ein aussagekräftigeres Ergebnis zu erhalten.

5.2 Herstellung der untersuchten Bodenplatte

Die Betonplatte hat eine Dicke von 15 cm. Es handelt sich um Transportbeton mit Fließmittel, um die Verarbeitbarkeit des Betons zu verbessern. Weitere Angaben zur Betonzusammensetzung finden sich in Tabelle 3 wieder.

Tab.6.: Betonzusammensetzung der Bodenplatte

Festigkeitsklasse	C 30/37
Konsistenzklasse	F4
Zementart	350 [kg/m³]
Wassergehalt	180 [kg/m³]
w/z - Wert	0,51
Gesteinskörnung:	
Sand 0/2	709 [kg/m³]
Edelssplit 2/8	365 [kg/m³]
Edelssplit 8/16	730 [kg/m³]
Gesamt	1804 [kg/m³]
Zusatzmittel: FM	3,50 [kg/m³]

Es gibt unterschiedliche Felder bei der untersuchten Bodenplatte in Abbildung 13. Der Beton wurde in eine Schablone eingegossen worden. Diese Schablone trennt die einzelnen Flächenbereiche ab, die jeweils unterschiedlichen Oberflächenbehandlungen unterzogen wurden. Die Betonoberfläche muss vor Auftragen des Wasserglases sauber und darf nicht durch andere Stoffe verschmutzt sein. Das Wasserglas wird mit Hilfe einer Wurzelbürste in die Betonoberfläche solange eingearbeitet, bis es weiß schäumt. Aus den entsprechenden Plattenabschnitten werden geeignete Prüfkörper herausgeschnitten.

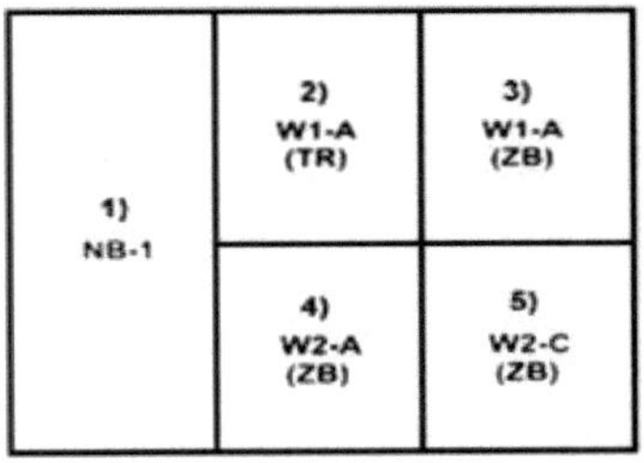

Abb. 13: Bodenplatte

5.3 Versuchsdurchführung

Ein quadratischer Prüfkörper wurde mit Hilfe einer Schublehre und einer Waage vermessen und gewogen. Der Körper sollte möglichst 7 cm* 7 cm * 7 cm sein. Anschließend wurde mit Hilfe der Messuhr (Mitutoyo Digimatic Indicator ID-C) auf 0,001 mm genau jedes der neun Messlöcher gemessen, wie Abbildung 14 dargestellt. Das Lochblech ist eine Schablone auf der die Messstellen vorgegeben sind. Die Messuhr wurde vor der Messung auf 0 mm eingestellt, um dann die Tiefe der Löcher zu messen.

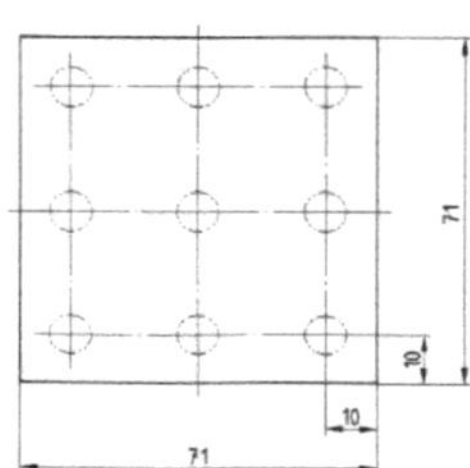

Abb.14: Messuhr, Schablone zur Kennzeichnung der Messstellen [21]

Als Nächstes wurde die Probe in die Verschleiß-Prüfmaschine nach Böhme eingesetzt und mit einem Gewicht beschwert (Abbildung 15). Die Änderung der Versuchsbedingungen zur DIN-Norm ist Folgende: Es wurde anstatt der Normbelastung von 294 N nur 220,5 N verwendet, das entspricht 75 Prozent der Normbelastung.

Abb.15: Schleifmaschine nach Böhme, Einspannung der Probe, Gewichtsbelastung

Auf die Schleifbahn bzw. Schleifscheibe wurde 20 g Norm-Schleifmittel (Korund - kristallisiertes Aluminiumoxid Al_2O_3) vor den Probekörper aufgetragen und die Prüfmaschine wurde gestartet. Nach 22 Umdrehungen war der erste Zyklus erfolgt, die Maschine wurde abgestellt und die Probe aus der Einspannung entnommen. Jeder Zyklus hatte 22 Umdrehungen. Es musste darauf geachtet werden, dass das Schleifmittel vor dem Prüfkörper gleichmäßig verteilt und dabei auf der Schleifbahn blieb, dazu wurde ein Gummiwischer verwendet (Abbildung 16).

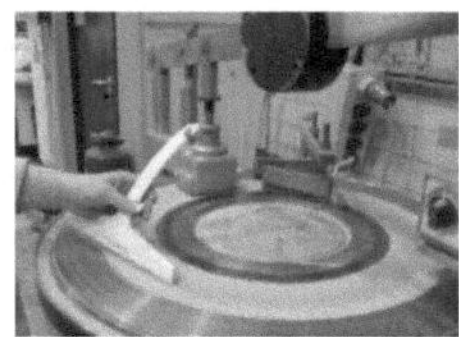

Abb.16: Vorgang des Abschleifen

Die Probe wurde gewogen und die Lochtiefen werden bestimmt. Die Lochtiefen geben an, in wie weit der Abrieb fortgeschritten ist. Um den nächsten Zyklus zu beginnen, wurde die Probe gemäß DIN-Norm um 90° gedreht und wieder eingespannt. Diese Vorgänge wurden wiederholt, bis alle 16 Prüfzyklen durchgeführt waren. Für jeden untersuchten Bereich der Bodenplatte wurden jeweils drei Prüfkörper entnommen. Den Volumenverlust ermittelt man durch Wiegen des Prüfkörpers vor und nach den 16 Prüfzyklen. Die Messergebnisse berechnen sich, indem man von allen Werten eines Loches den ersten Wert des Loches (erste Messtiefe) subtrahiert. Dies wurde gemacht, um alle Werte auf Null zu setzen. Als Nächstes wurden die Messtiefen der neun Löcher gemittelt. Der letzte Wert dieser gemittelten Lochtiefen ist Δl. Wenn man nun Δl. mit 5 multipliziert, erhält man den gesuchten Abrieb A nach Böhme für diese Probe. So hat man aus dem Dickeverlust den Abrieb ermittelt. Das wurde mit allen Proben so gemacht.

Zur Kontrolle wurde auch aus dem Volumenverlust der Abrieb nach Böhme berechnet. Die Proben wurden vor jedem Versuch mit der Schublehre vermessen, d.h. aus Länge, Breite und Höhe wurde das Volumen V berechnet. Aus dem Anfangsgewicht der Probe dividiert durch das Volumen kann die Dichte ρ ermittelt werden. Aus dem Gewichtsverlust Δm (Startwert − Endwert nach 16 Zyklen) dividiert durch die Dichte ρ errechnet man dann den Abrieb A nach Böhme. Nach Böhme ist der Verschleißwiderstand A gleich dem Volumenverlust gleich 5-mal dem Dickeverlust ($A=\Delta V=5^{*}\Delta l$, in [cm^3 je $50cm^3$]) [21].

6. Darstellung der Prüfergebnisse

Da die Messergebnisse von Dickeverlust und Volumenverlust nahezu gleich sind, wie aus Tabelle 7 ersichtlich, wird in der Darstellung der Ergebnisse nur auf die Werte des Dickenverlusts eingegangen.

Tab.7 Gegenüberstellung der Werte Dickeverlust und Volumenverlust

Gegenüberstellung:		Dickeverlust		Volumenverlust	
Prüfserie:	Proben:	A-Werte:	MW:	A-Werte:	MW:
	NB-1 P10	10,522		10,363	
NB-1	NB-1 P11	9,426	10,077	9,172	10,054
	NB-1 P12	10,282		10,627	
	W1-A (TR) P10	8,892		9,145	
W1-A (TR) 7 Tage	W1-A (TR) P11	7,962	9,770	8,192	10,006
	W1-A (TR) P12	12,488		12,681	
	W1-A (ZB) P10	8,887		9,780	
W1-A (ZB) 7 Tage	W1-A (ZB) P11	11,631	9,456	11,058	9,538
	W1-A (ZB) P12	7,851		7,777	
	W2-A (ZB) P10	9,95		9,989	
W2-A (ZB) 6 Std.	W2-A (ZB) P11	7,683	8,388	7,790	8,328
	W2-A (ZB) P12	7,531		7,204	
	W2-C (ZB) P10	9,729		9,703	
W2-C (ZB) 7 Tage	W2-C (ZB) P11	9,371	9,705	9,361	9,676
	W2-C (ZB) P12	10,016		9,964	

Zur Veranschaulichung der Vergleiche sind die Mittelwerte der Messergebnisse (siehe Anhang Abbildung 26 bis 30) in Form von Graphen in den folgende Abbildungen zu sehen:

Aus Abbildung 17, 18 und 19 kann man erkennen, dass die Graphen nahezu linear verlaufen, sich schneiden und der Graph von W1-A(ZB), W2-A(ZB) und W2-C(ZB) unter dem Graphen von NB-1 liegt.

In Abbildung 17 hat die unbehandelte Probe einen Abrieb von 2,015 mm und die mit Wasserglas 1 behandelte Probe (trocken gelagert) hat einen Abrieb von 1,956 mm. Es ergibt sich ein Unterschied von 0,056 mm.

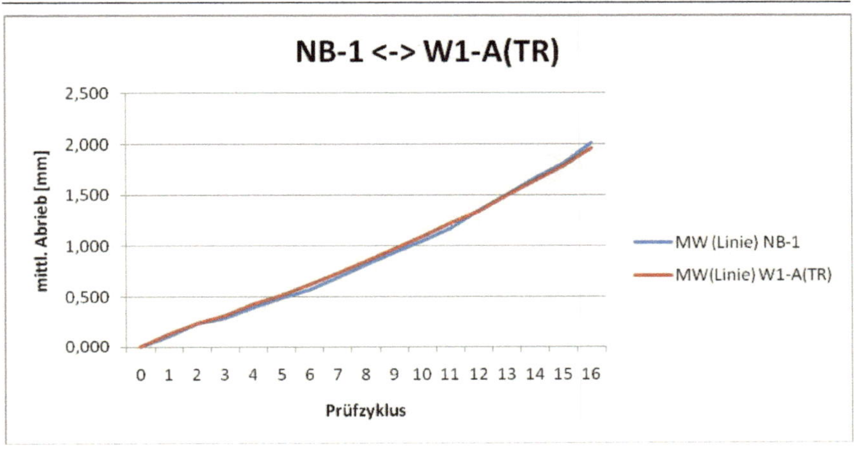

Abb.17: Vergleichende Darstellung der Proben NB-1 <-> W1-A(TR)

In Abbildung 18 hat die unbehandelte Probe einen Abrieb von 2,015 mm und die mit Wasserglas 1 behandelte Probe (zyklisch befeuchtet gelagert) hat einen Abrieb von 1,891 mm. Es ergibt sich eine Differenz von 0,124 mm.

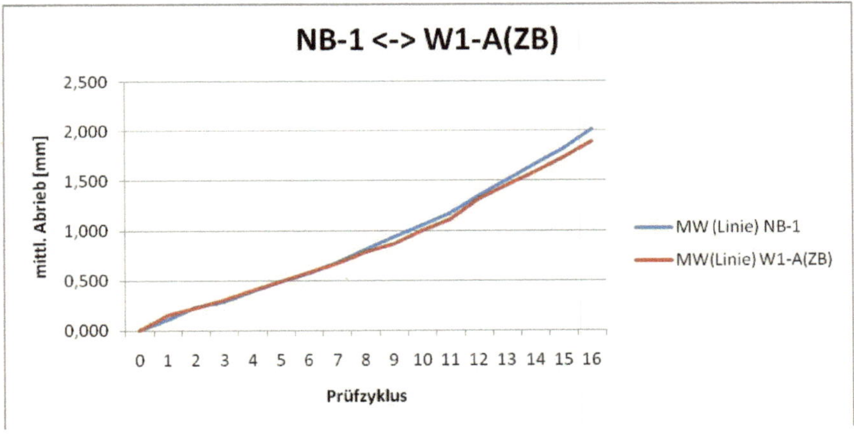

Abb.18: Vergleichende Darstellung der Proben NB-1 <-> W1-A(ZB)

Die unbehandelte Probe in Abbildung 19 hat einen Abrieb von 2,015 mm und die mit Wasserglas 2 behandelte Probe (zyklisch befeuchtet gelagert, Applk. 6 Std.) hat einen Abrieb von 1,678 mm. Es ergibt sich ein Unterschied von 0,337 mm.

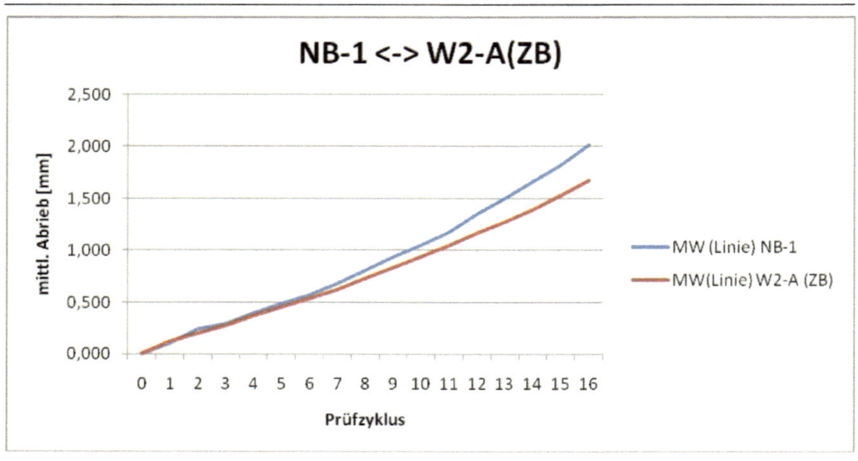

Abb.19: Vergleichende Darstellung der Proben NB-1 <-> W2-A

Die unbehandelte Probe in Abbildung 20 hat einen Abrieb von 2,015 mm und die mit Wasserglas 2 behandelte Probe (zyklisch befeuchtet gelagert, Applk. 7 d.) hat einen Abrieb von 1,678 mm. Es ergibt sich ein Unterschied von 0,337 mm.

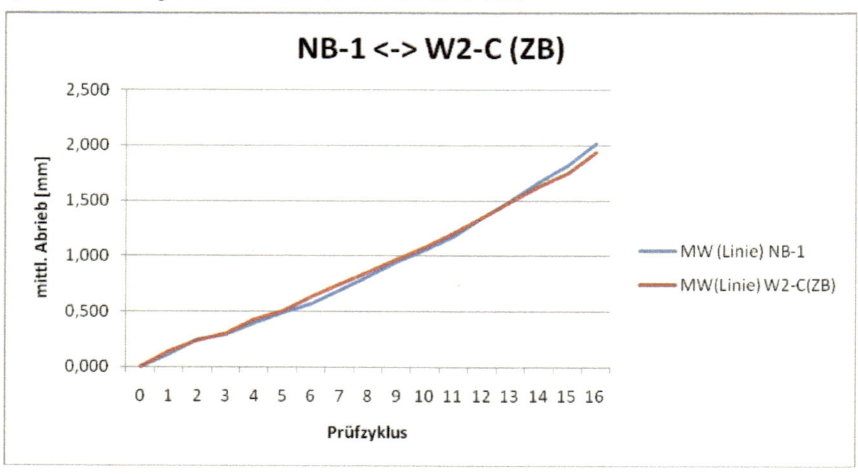

Abb.20: Vergleichende Darstellung der Proben NB-1 <-> W2-C

Aus Abbildung 21 und 22 kann man erkennen, dass die Graphen nahezu linear verlaufen und der Graph von W1-A(TR), W2-C sich dem Graphen von W1-A(ZB) anschmiegen, also sehr dicht beieinander liegen und somit kaum Unterschiede aufweisen.

Die mit Wasserglas 1 behandelte Probe (trocken gelagert) in Abbildung 21 hat einen Abrieb von 1,956 mm und die mit Wasserglas 1 behandelte Probe (zyklisch befeuchtet gelagert, Applk. 7 d.) hat einen Abrieb von 1,891 mm. Es ergibt sich eine Differenz von 0,065 mm.

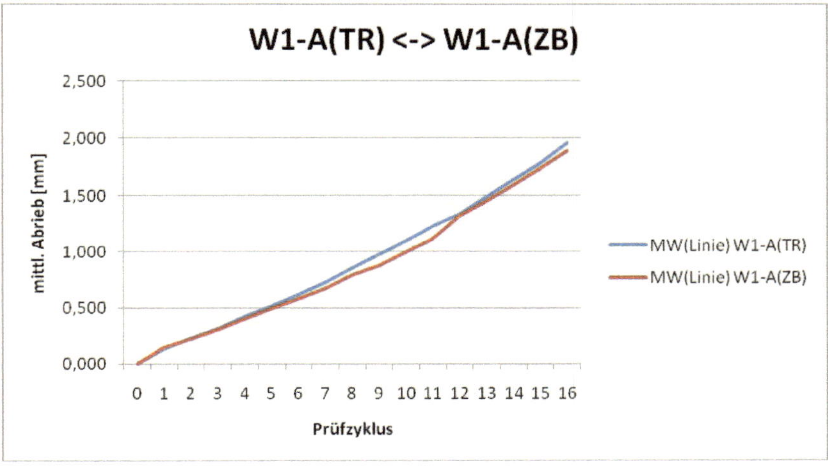

Abb.21: Vergleichende Darstellung der Proben W1-A(TR) <-> W1-A(ZB)

In Abbildung 22 hat die mit Wasserglas 1 behandelte Probe (trocken gelagert) einen Abrieb von 1,956 mm und die mit Wasserglas 2 behandelte Probe (zyklisch befeuchtet gelagert, Applk. 7 d.) hat einen Abrieb von 1,941 mm. Es ergibt sich eine Differenz von 0,015 mm.

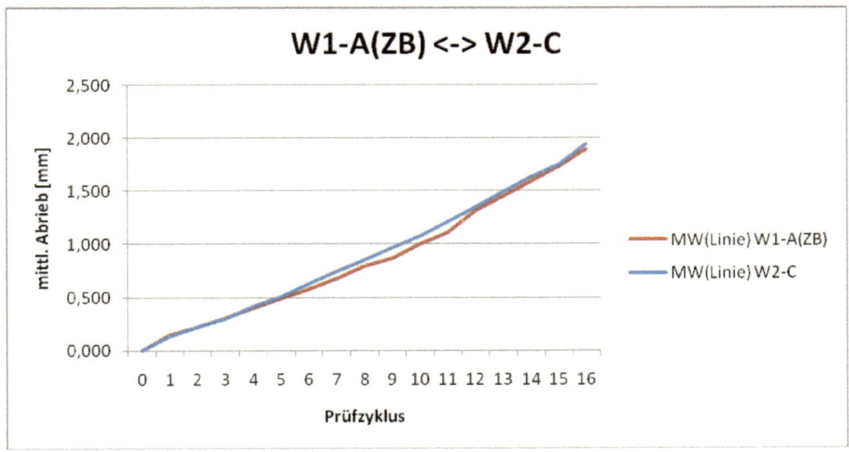

Abb.22: Vergleichende Darstellung der Proben W1-A(ZB) <-> W2-C

Die mit Wasserglas 2 behandelte Probe (zyklisch befeuchtet gelagert, Applk. 6 Std.) hat in Abbildung 23 einen Abrieb von 1,678 mm und die mit Wasserglas 2 behandelte Probe (zyklisch befeuchtet gelagert, Applk. 7 d.) hat einen Abrieb von 1,941 mm. Es ergibt sich ein Unterschied von 0,263 mm.

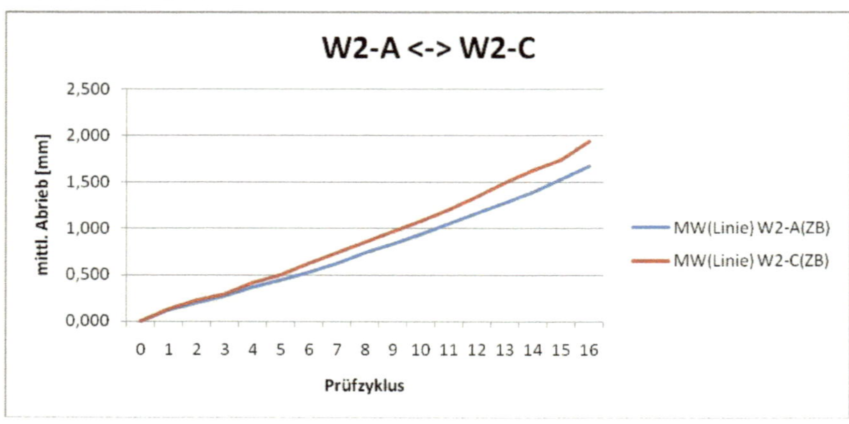

Abb.23: Vergleichende Darstellung der Proben W2-A <-> W2-C

In den Abbildungen 17 bis 23 verlaufen alle Graphen nahezu linear. Anhand der Linearität der Graphen kann man auf den Verschleißwiderstand schließen, zu Beginn (1.Zyklus) ist die der Verschleißwiderstand mittelmäßig, dann wird er größer. Bei dem dritten Zyklus ist der Verschleißwiderstand am größten, da der Abrieb am geringsten ist, siehe Abbildung 24. Der Verschleißwiderstand aller Proben wird ab Zyklus 3 kontinuierlich geringer bis zum letzten Zyklus. Der geringere Verschleißwiderstand äußert sich durch den höheren Abrieb.

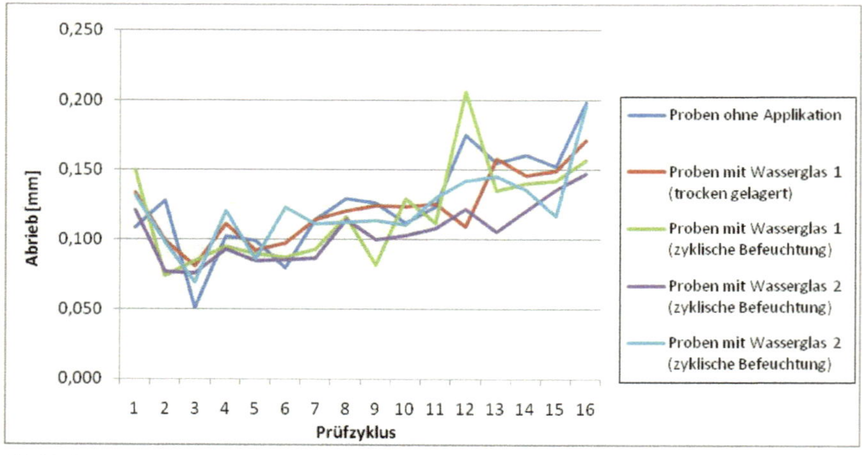

Abb.24: Abrieb der Proben

7. Vergleich und Diskussion der Prüfergebnisse

Aus dem Steigungsverhalten der Graphen der einzelnen Proben zu Beginn (1.Zyklus) und zum Ende (16. Zyklus) wird ersichtlich, dass im Laufe der Prüfung immer ein kleines bisschen mehr von der Betonoberfläche pro Zyklus abgerieben wird, sodass die Steigung am Ende größer wird. Der Aspekt des Verschleißwiderstandes ist für die Haltbarkeit eines Industriebodens wichtig. Da die Graphen von W1-A(ZB), W2-A(ZB) und W2-C(ZB) unter dem Graphen von NB-1 liegen, ist der Abrieb der unbehandelten Proben größer als bei den mit Wasserglas 1 und 2 behandelten Proben, wie in den Abbildungen 18 bis 20 deutlich zu erkennen ist.

Bei dem Vergleich von Wasserglas 1 bei trockener Lagerung zu Wasserglas 1 bei zyklischer Befeuchtung wird deutlich, dass die zyklische Befeuchtung sich offenbar positiv auf Wasserglas 1 auswirkt. Dieses Ergebnis zeigt, dass durch regelmäßige Nassreinigung die Zeitdauer des Verdichtungsprozess verkürzt werden kann.

Der direkte Vergleich von Wasserglas 1 W1-A (ZB) zu Wasserglas 2 W2-C(ZB) unter gleichen Randbedingungen d.h. Dosierung gemäß Herstellerangaben, gleicher Applikationszeitpunkt 7 Tage und auch unter zyklischer Befeuchtung gelagert, zeigt nur geringe Unterschiede (Abbildung 22).

Der Vergleich zwischen Wasserglas 2 mit einem Applikationszeitpunkt von 6 Std. nach der Betonage und Wasserglas 2 mit einem Applikationszeitpunkt von 7 Tagen nach der Betonage weist eindeutigere Ergebnisse auf. Der mittlere Abrieb bei Probe W2-C ist geringer als bei der Probe W2-A, siehe dazu Abbildung 23. Aus diesem Grund kann man sagen, je früher das Wasserglas 2 in den Beton eingearbeitet wird, umso besser wirkt es.

Um eine Gesamtübersicht über die Prüfergebnisse zu bekommen, ein abschließendes Säulendiagramm mit den jeweiligen Mittelwerten aus den Proben P10-12, die mit einem Fehlerindikator versehen sind, um die Messungenauigkeiten anzuzeigen.

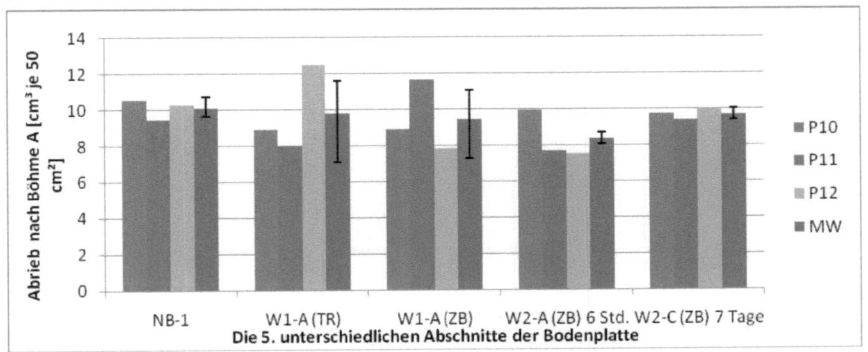

Die Schwankungen in den Ergebnissen nach oben und unten sind durch die Fehlerindikatoren (Tabelle 5) an den Säulenköpfen in Abbildung 25 angezeigt.

Tab 8.: Fehlerindikatoren

Bereich:		Fehlerindikator:
NB-1	Min:	0,6507
	Max:	0,4453
W1-A (TR)	Min:	1,8077
	Max:	2,6853
W1-A (ZB)	Min:	1,6053
	Max:	2,1747
W2-A	Min:	0,3343
	Max:	0,3107
W2-C	Min:	0,3343
	Max:	0,3107

Der Fehlerindikator zeigt für W1-A(ZB) eine Abweichung von 1,6 nach unten und 2,2 nach oben an und für W1-A(TR) eine Abweichung von 1,8 nach unten und 2,7 nach oben an (Tabelle 8), was bedeutet, dass große Schwankungen zwischen den Messungen der Einzelproben sind. Es ist eine Tendenz sichtbar, aber ob die Unterschiede signifikant sind, müsste durch weitere Versuchsreihen bestimmt werden. Aus der Linearität der Graphen ist ersichtlich, dass der Verschleißwiderstand anfangs größer als zum Schluss der Prüfungen ist.

8. Zusammenfassung und Ausblick

Eine Verbesserung des mechanischen Verschleißwiderstandes durch Anwendung von Wasserglas zur Oberflächenvergütung kann durch die Messungen bestätigt werden. Wasserglas 2 hat bei frühem Auftragen auf die Betonoberfläche (Applikationszeitpunkt 6 Std.) einen guten Verschleißwiderstand (Abrieb $\leq$ 9 [cm³ je 50 cm²]). Da von Wasserglas 1 bei einem frühen Auftragen auf die Betonoberfläche keine Proben vorhanden sind, kann ein Vergleich nicht gezogen werden. Wasserglas 1 hat beim späteren Auftragen (Applikationszeitpunkt 7 Tage) auf die Oberfläche des Betons 0,3 [cm³ je 50 cm²] weniger Abrieb als Wasserglas 2.

Ob Wasserglas eine gute Alternative gegenüber herkömmlichen Maßnahmen zur Oberflächenvergütung ist, kann mit diesen Messergebnissen nicht beurteilt werden. Dafür müsste man weitere Untersuchungen mit anderen Oberfächenschutzschichten z.B. Hartstoffbeschichtungen, durchführen, um diese vergleichen zu können. Weitere Untersuchungen von Natrium-Wasserglas zu reinem Kalium-Wasserglas wären interessant und dies dann im Vergleich mit dem Natrium-Kalium-Wasserglas, bei dem wiederum das Molverhältnis von Natrium zu Kalium für dessen Eigenschaften verändert werden könnte, um eine optimale Wirkung zu erzielen. Des Weiteren könnte man andere Prüfmethoden testen, um auch andere Beanspruchungen in der Beurteilung berücksichtigen zu können.

9. Literaturverzeichnis

[1] DIN 1045-2:2008-08, Anhang F, S.47

[2] Lohmeyer, G., Ebeling, K.: Betonböden für Produktions- und Lagerhallen. Planung, Bemessung, Ausführung, Verlag Bau+Technik GmbH, 2008

[3] Cziesielski, E.: Lehrbuch der Hochbaukonstruktionen, Stuttgart: Teubner, 1997

[4] Prof. Dr.-Ing. M. Radenberg, Umdruck zur Vorlesung Straßenbautechnik, SB 10-1

[5] Breitenbücher, R.: Industrieböden aus Beton, 4. Symposium Baustoffe und Bauwerkserhaltung, Potenzielle Ursachen von Mängeln in Industrieböden aus Beton und deren Bewertung, Universität Karlsruhe (TH), 15. März 2007, S.77

[6] Steiner, J..: Industrieböden aus Beton, 4. Symposium Baustoffe und Bauwerkserhaltung, Bewehrte Industrieböden für Hallen und Freiflächen, Universität Karlsruhe (TH), 15. März 2007, S.45

[7] DIN 1045-1:2008-08, S. 127-134

[8] DIN 1045-1:2008-08, S. 125 Tabelle 18 Anforderungen an die Begrenzung der Rissbreite und die Dekompression

[9] Lohmeyer, G.: Betonböden im Industriebau: Hallen- und Freiflächen, Düsseldorf: Betonverlag, 1988

[10] Schrepfer, T.: Qualitätssicherung von Industrieböden. In: Forum Bauwerks Erhaltung, 2. Internationaler Kongreß 9.-11- Februar 1994, Berlin. S.774-780

[11] Hörenbaum, W..: Industrieböden aus Beton, 4. Symposium Baustoffe und Bauwerkserhaltung, Bemessung unbewehrter Betonböden, Universität Karlsruhe (TH), 15. März 2007, S.27

[12] Wesche, K.: Baustoffe für tragende Bauteile. 1. Grundlagen, Berlin: Bauverlag, 1996

[13] Dhir, R:A., Newlands, M.D., Harrison, T.A.: Concrete floors and slabs: proceedings of the international seminar held at the University of Dundee, ABRASION RESISTANE OF POWER FLOATED CONCRETE INDUSTRIAL FLOORS – A STATE OF THE ART REWIEW, Thomas Telford Ltd,2002, S.268

[14] DBV und DAStb (Hrsg.): „ Schutz und Instandsetzungen von Betonbauteilen ", Proc., Bundes-Baublatt 39, 1990, H.6, Abb.2

[15] Zement-Merkblatt Tiefbau T1 1.2006, Industrieböden aus Beton, Online im Internet:http://www.vdz-online.de/fileadmin/gruppen/vdz/ 3LiteraturRecherche/Zementmerkblaetter/T1.pdf, S.5, abgerufen am 18.04.2010

[16] Friedemann, W., Anwendungsvielfalt des Rohstoffes Wasserglas, in: Glastechnische

Berichte 58 (1985), Nr.11, S.315-319

[17] Renno, D.,Hübscher,M.: Glas-Werkstoffkunde, Deutscher Verlag der Grundstoff-
industrie, Stuttgart 2000, S.10

[18] Holleman, A.F., Wiberg, N.: Lehrbuch der Anorganischen Chemie. Walter de Gruyter
Verlag, Berlin, 2007, S.975

[19] DiB Spezial Beton, Wirksame Betonboden-Veredlung nach den Regeln der Natur,
Online im Internet: http://dib.schiele-schoen.de/118/10759/207004092/ SPECI-
AL_BETON_Wirksame_Betonboden_Veredlung_nach_den_Regeln_der_Natur_Bei_der_
Industriebodenplanung_wird_sorgfaeltige_Auswahl_des_richtigen_Mittels_belohnt.html,
S.2, 3, abgerufen am 18.04.2010

[20] Erning, O.: Bericht Wie aussagekräftig sind die neuen Verschleißprüfungen?, veröffent-
licht in - Fußbodentechnik - Heft 2/2003, S.1-10, Online im Internet: http://www.ibf-
troisdorf.de/files/WiesaussagekraftigssindsdiesneuensVerschlei_prufungenss_Er-
205.pdf

[21] Prüfverfahren für Estrichmörtel und Estrichmassen Teil 3: Bestimmung des Verschleißwiderstandes nach Böhme; Deutsche Fassung EN 13892-3:2004

[22] Krell, J..: Industrieböden aus Beton, 4. Symposium Baustoffe und Bauwerkserhaltung,
Oberfläche und Nachbehandlung von Betonböden, Universität Karlsruhe (TH), 15. März
2007, S.63-67

[23] Breitenbücher, R.: Skriptum zur Grundvorlesung in Baustofftechnik – Materialtechnolo-
gie, Beton, 6.3.2. Zementdruckfestigkeit, S. 78

[24] DIN 1045-3:2008-08, Nachbehandlung und Schutz, S.20-22

10. Tabellenverzeichnis

Anhang

Dickeverlustwerte der einzelnen Proben P10, P11 und P12, die gemittelt wurden:

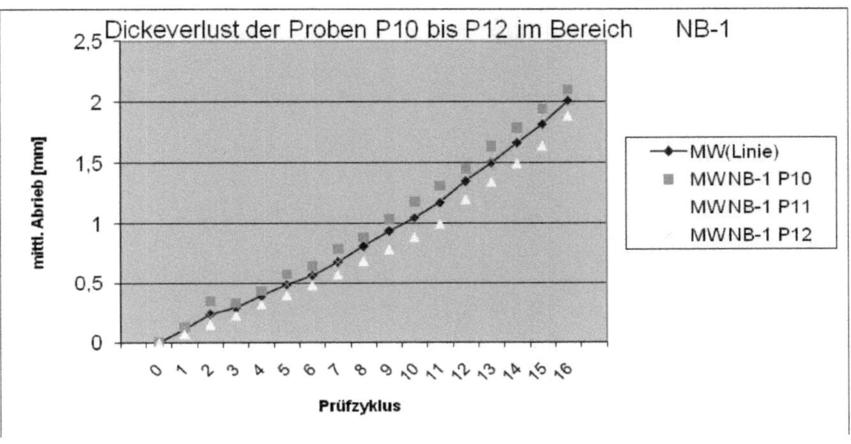

Abb.26: Dickeverlust der Proben P10 bis P12 im Bereich NB-1

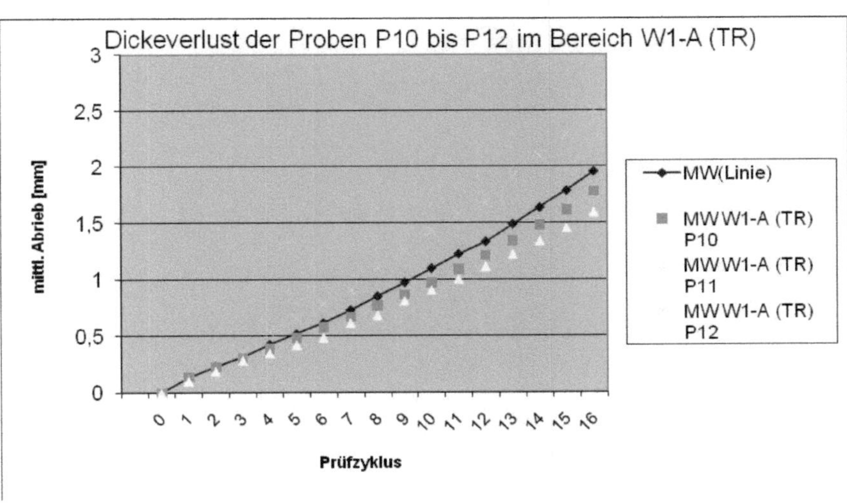

Abb.27: Dickeverlust der Proben P10 bis P12 im Bereich W1-A (TR)

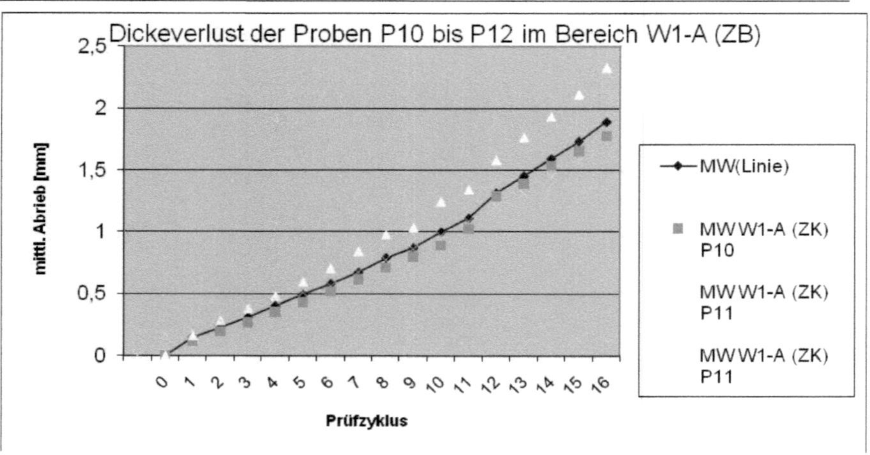

Abb.28: Dickeverlust der Proben P10 bis P12 im Bereich W1-A (ZB)

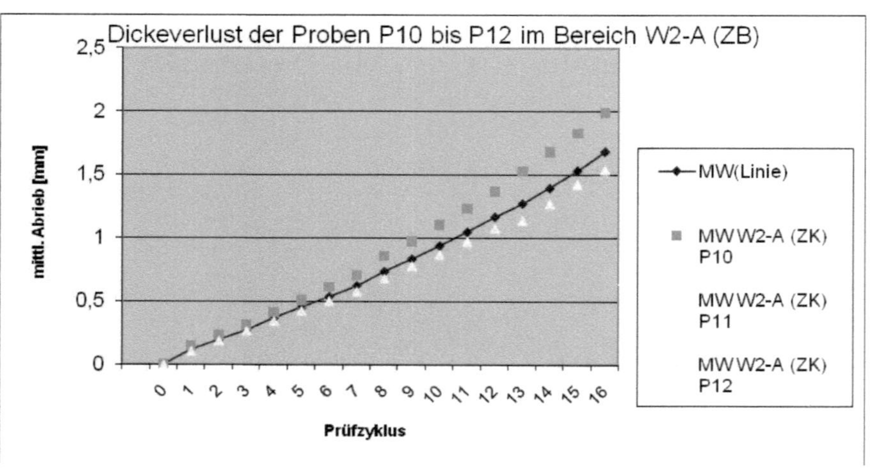

Abb.29: Dickeverlust der Proben P10 bis P12 im Bereich W2-A (ZB)

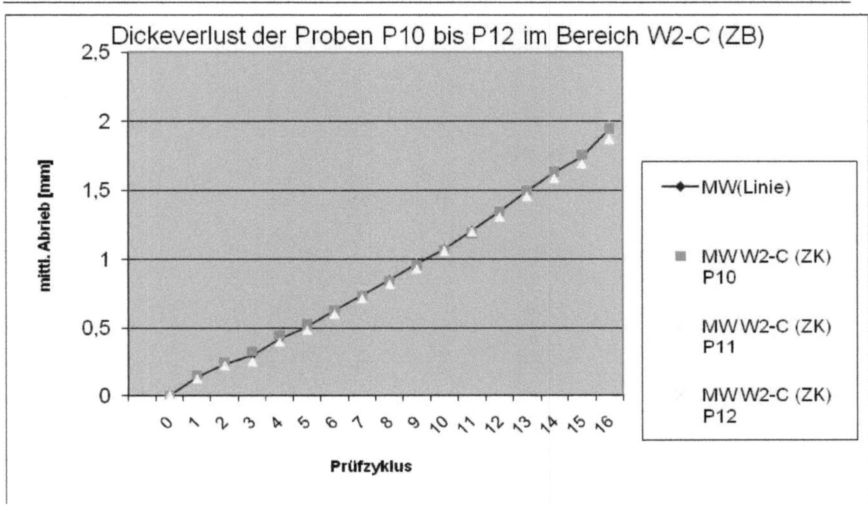

Abb.30: Dickeverlust der Proben P10 bis P12 im Bereich W2-A (ZB)